Impressum:

Copyright © 2017 GRIN Verlag
Druck und Bindung: Books on Demand GmbH, Norderstedt Germany
ISBN: 9783668799257

Dieses Buch bei GRIN:

https://www.grin.com/document/441269

Sandra Weger

Umweltwirkungen von Agroforstwirtschaft

GRIN Verlag

Leopold Franzens – Universität Innsbruck

Fakultät für Geschichte

716164 PS/2 Proseminar Humangeographie

Kurs 4 SS 2017

Agroforestry

Weger Sandra

Innsbruck, 24.05.2017

Inhaltsverzeichnis:

1. Einleitung:

Agroforstwirtschaft oder Agrarforstwirtschaft kommt vom englischen Agroforestry oder Agroforesting und bezeichnet ein Produktionssystem, das Elemente der Landwirtschaft mit denen der Forstwirtschaft kombiniert. Dieses System stellt eine alternativ gute und nachhaltige Lösung dar für Mensch, Umwelt, Pflanzen und Tiere.

In meiner Seminararbeit werde ich auf verschiedene Systeme eingehen, welche es schon vor einigen Jahrzehnten und auch Jahrhunderten gab (traditionelle Agroforstsysteme). Zudem beschäftige ich mich auch mit den modern entwickelten Agroforstsysteme. Ein wichtiger Punkt meiner Seminararbeit ist es auch nicht nur die Agroforstanbauten aus Europa zu beschreiben, sondern auch jene aus den (sub-)trobischen Regionen. Hierbei habe ich mich auf die Region „Amazonien" konzentriert. Als letzten Punkt erwähne ich die Organisation „World Agroforestry Centre (ICRAF)", welche sich mit Agroforstwirtschaft beschäftigt und die größten Bestände und Informationen besitzen.

Mein Ziel ist es anhand meiner Seminararbeit, die Leser in die Thematik einzuführen. Dabei möchte ich auf die Vor- und Nachteile eingehen, welche verschiedenen Systeme es gibt usw.

Daraus erschließe ich die Fragen: Was ist Agroforesty? Welche sind die Vorteile und Nachteile? In welchen Bereichen kann Sie eingesetzt werden? Welche Systeme gibt es? Wo kann diese angewandt werden? Wie beeinflusst diese Mensch, Umwelt, Pflanzen und Tiere?

2. Definition:

Agroforstwirtschaft ist eine Form der Landnutzung, bei der mehrjährige Holzpflanzen (Bäume, Sträucher, Palmen, Bambus, etc.) willentlich auf derselben Fläche angepflanzt werden, auf der auch landwirtschaftliche Nutzpflanzen angebaut und / oder Tiere gehalten werden. Diese Elemente können entweder in räumlicher Anordnung oder in zeitlicher Abfolge kombiniert werden. In Agroforstsystemen gibt es normalerweise sowohl ökologische als auch ökonomische Interaktionen zwischen den verschiedenen Komponenten (Buckhard o.D.).

3. Silvopastorale und Silvorable Agroforstsysteme

Moderne Agroforstwirtschaft kann in zwei verschiedenen Systemen betrieben werden:

- Silvopastorale Systeme und
- Silvorable Systeme

Silvopastorale Systeme zeichnen sich durch eine Baum- bzw. Strauchbepflanzung auf Grünland, meist mit Beweidung, aus. Die Kombination „Bäume-Weidetiere" bringt in vielerlei Hinsicht Vorteile mit sich. Bäume schützen die Weidetiere vor zu viel Sonne, Wind, Regen und sogar sozialem Stress, da

Abbildung 1: Silvopastorale Agroforstysteme

sie als Sichtschutz zwischen den Tieren dienen. Die Weidetiere halten wiederum das Gras kurz und fördern damit das Wachstum der Bäume. Bei der Anlage von silvopastoralen Systemen mit Beweidung ist es unbedingt notwendig, die jungen Bäume vor Verbiss durch die Tiere zu schützen (Kaltschmitt 2001: 66).

Silvorable Agroforstsysteme sehen als landwirtschaftliche Unternutzung eine Ackerbewirtschaftung vor. Bei einer Unternutzung als Acker werden Baumstreifen mit einer Breite von etwa zwei Metern angelegt, die aus der bisherigen landwirtschaftlichen Nutzung herausgenommen werden.

Abbildung 2: Silvorable Agroforstsysteme

Bei der Anlage von silvorablen Systemen ist besonders auf die wechselwirkenden Beziehungen zwischen den Bäumen und den annuellen Pflanzen zu achten. In diesem Zusammenhang ist es empfehlenswert, tiefwurzelnde Bäume mit lichtdurchlässigen Kronen anzupflanzen um eine Konkurrenz um Wasser, Licht und Nährstoffvorräte zu vermeiden (Kaltschmitt 2001: 66).

4. Agroforstwirtschaft International

In vielen Regionen der Welt, allen voran in den Tropen und Subtropen, spielen Agroforstsysteme für die Landnutzung eine große Rolle. Die Bäume erfüllen dabei Funktionen wie Schutz vor Wind, extremer Sonneneinstrahlung, Erosion oder Wüstenbildung. Teilweise dienen Bäume auch der Stickstoffbindung in landwirtschaftlichen Kulturen. Gleichzeitig werden sie für die Gewinnung von zahlreichen Produkten wie Früchten, Laub, medizinisch wirksamen Bestandteilen sowie Bau- und Brennholz genutzt. Unter bestimmten Umständen sind Bäume für eine nachhaltige Bewirtschaftung sogar unerlässlich, wie auf Feldern an sehr steilen Hängen bei tropischem Klima (Hangstabilisierung, Erosionsschutz) oder beim Anbau bestimmter Kulturen wie z. B. Kaffee oder Kakao (Beschattung durch die Bäume). Insgesamt existiert eine Vielzahl verschiedener Formen von Agroforstsystemen: Landwirtschaftliche Kulturen können mit Bäumen oder Sträuchern kombiniert oder Waldflächen zusätzlich für Ackerbau oder Beweidung genutzt werden. Sogar Aquakulturen mit Bäumen, z. B. Mangrovenwälder, in denen Fische oder Shrimps gezogen werden, sind in manchen Ländern Asiens gebräuchlich. Auch in den gemäßigten Klimazonen sind kombinierte Landnutzungssysteme verbreitet. Besonders in Südeuropa gibt es vielfältige traditionelle Agroforstsysteme; in Frankreich, Großbritannien, Deutschland, Schweiz, den USA oder Neuseeland werden seit Jahrzehnten auch moderne Systeme erprobt (Bender 2009: 5).

5. Europa: Traditionelle Agroforstsysteme

Traditionell weit verbreitet waren in Europa die silvopastoralen Systeme, bei denen die Gehölzkultur mit Viehhaltung kombiniert ist. Beispiele sind die Waldweide, die Streunutzung oder die Eichelmast. Ein altes Agroforstsystem in landwirtschaftlich geprägten Landschaften Mittel- und Nordwesteuropas waren die Heckensysteme. Als weiteres traditionelles Agroforstsystem, wenngleich noch relativ jung, sind die Streuobstbestände zu nennen (Unseld 2011: 5).

Die Tabelle zeigt eine Zusammenstellung wichtiger traditioneller Agroforstsysteme:

System	Gehölzart und landwirtschaftliche Kultur	Verwertungspfade/ Funktion	Bildbeispiel
Streuobst-bestände	Gehölze: Apfel, Birne, Kirsche, Walnuss, Pflaume, Hochstämme Landwirtschaftliche Kultur: Wiese und Weide, auch Acker (Streifennutzung)	Nahrungsmittel- und sonstige Genussmittel-erzeugung, Energieholz-bereitstellung, Grünlandnutzung zur Heugewinnung und Weide	 Abbildung 3:Streuobstbestände
Hecken	Gehölze: Vielfalt von verschiedenen Heckenformen; verwendete Gehölzarten variieren je nach Region und Verwertungszweck Landwirtschaftliche Kultur: Grünland oder Acker	Feld- und Hofbegrenzung, Brennholz	Abbildung 4: Hecken

Abbildung 5: Traditionelle Agroforstsysteme (Unseld 2011: 5)

Weitere traditionelle Agroforstsysteme sind:

> <u>Hochstamm-Obstgärten</u> sind heutzutage meist klein-flächige Pflanzungen von EBäumen auf Grünland in Hofnähe. Diese dienen der Selbstversorgung mit Most und Früchten. Das Gras wird futterbaulich genutzt. Manche

Abbildung 6: Hochstamm-Obstgärten

Landwirtinnen und Landwirte befürworten eine Weidenutzung, weil das Vieh von den Bäumen als Schattenspender profitiert. Andere wiederum befürworten eine Wiesenlandnutzung, da die Bäume durch Tritt und Verbiss geschädigt werden und Offenstellen unter den Bäumen entstehen (Kaeser 2010: 3).

> <u>Wytweiden und Selven</u> sind Waldformen, die auch als Weide genutzt werden. Wytweiden sind bestockte Weiden und vor allem in der Region Jura verbreitet. Selven sind Kastanienhaine, die mancherorts beweidet wer-

Abbildung 7: Wytweiden

den. Die Waldweide bietet vielen Arten einen Lebensraum und hat einen hohen ästhetischen Landschaftswert. Dabei wird die Biodiversität gefördert und der Bewaldung der Berggebiete entgegengewirkt (Kaeser 2010: 4).

Diese traditionellen Agroforstsysteme sind aus Mittel- und Nordeuropa inzwischen weitgehend verschwunden oder stark zurückgegangen. Auch in Südeuropa, in denen sie sich wegen der Klimabedingungen und der wirtschaftlichen Rahmenbedingungen länger halten konnten, hat ihr Flächenanteil deutlich abgenommen. In vielen Systemen fehlt inzwischen die land- und forstwirtschaftliche Doppelnutzung (Unseld 2011: 5).

6. Europa: Moderne Agroforstsysteme

Im Unterschied zu traditionellen Nutzungsformen sind moderne Agroforst-systeme an den aktuellen Stand der landwirtschaftlichen Produktionstechnik ange-passt, so dass die landwirtschaftliche Nutzung möglichst wenig durch die Bäume beeinträchtigt wird. Moderne Agroforstsysteme können einen Beitrag zur Bereitstellung von nachwachsenden Roh-stoffen und Nahrungsmitteln erbringen. Dabei können sie

Abbildung 8: Moderne Agroforstsysteme

weitergehende positive Auswirkungen entfalten (Unseld 2011: 6):

> Nachhaltige und sichere oder höhere Erträge durch optimale

> Nutzung der Wachstumsfaktoren

> Erhöhung der Biodiversität

> Positive Auswirkungen auf das Mikroklima

> Erosionsschutz und Schutz der organischen Bodensubstanz

> Umverteilung von Nährstoffen aus tieferen Bodenschichten über die Blattstreu

> Geringere Anfälligkeit der landwirtschaftlichen Kulturen

> gegenüber Krankheiten, Schädlinge und klimatischen Stress

> Positive Auswirkungen auf Weidetiere durch Schattenwurf

6.1.   Energieholzproduktion

Moderne Agroforstsysteme zur Energieholzproduktion werden meist in sog. „Alley-Cropping-Systemen" angelegt. Dabei werden schnellwachsende Gehölze, wie etwa Weiden, auf landwirtschaftlichen Flächen in Streifen angebaut. Die maximale Umtriebszeit der Bäume oder Sträucher

Abbildung 9: Energieholzproduktion

beträgt 10 Jahre. Es wurde zwar eine Erhöhung der Biodiversität in einem solchem Alley-Cropping-System im Gegensatz zur bloßen landwirtschaftlichen Nutzung, bspw. als Acker, nachgewiesen, aber durch die kurze Umtriebszeit und die beschränkte ökologische Wertigkeit dieses Systems sind moderne Agroforstsysteme zur Energieholzproduktion offensichtlich nicht als Ausgleichs- oder Ersatzmaßnahme geeignet. Die Regeneration nach der Ernte erfolgt mittels Stockausschläge und die Bäume können nach wenigen Jahren erneut geerntet werden (Unseld 2011: 6).

Die Bäume werden in Streifen mit hohen Pflanzdichten gepflanzt. Die Streifen können etwa zwischen 5 und 20m breit sein. Der Abstand zwischen den Streifen sollte ein Mehrfaches der Arbeitsbreite landwirtschaftlicher Maschinen betragen. Dafür werden 12 bzw. 24 m angesetzt (Unseld 2011: 8).

Aktuell präferierte Gehölzarten sind Balsampappeln und Weide. Aus wirtschaftlichen Gründen und aus Gründen der Bodenverbesserung wir vor allem auf trockenen Standtorten auch die Robinie verwendet. Jedoch ist dies aus naturschutzfachlicher Sicht problematisch, da die Art gerne in naturnahe Flächen eindringt und dort Arten und Lebensgemeinschaften verdrängen kann. Weitere

Gehölzarten sind Aspe, Erle, Linde, Eiche, Hainbuche, Ahorn, Eberesche, Salweide (Unseld 2011: 7).

6.2.   Wertholzsysteme

Ökologisch wichtiger und wertvoller können in diesem Zusammenhang moderne Agroforstsysteme zur Wertholzproduktion sein. Wertholz ist hier im Sinne von Holz in Furnierqualität zu verstehen. Mit Furnierholz

Abbildung 10: Wertholzsysteme

wird aus optischen Gründen weniger wertvolles Holz verkleidet. Es ist entsprechend wertvoll und teuer (Unseld 2011: 9).

Die Wert- bzw. Stammholzproduktion bedarf auf Grund der größeren Ziel-Stammdurchmesser einer längeren Umtriebszeit als Energieholzstreifen. Bereits bei der Anlage werden weite Pflanzverbände und damit geringere Pflanzdichten verwendet (Unseld 2011: 9).

Der Anbau der Gehölze erfolgt aufgrund der produktionstechnischen Anforderungen der landwirtschaftlichen Nutzung zumeist im Streifenanbau. Bevorzugte Pflanzverbände sind 10 bis 15 m in der Reihe und 24 bis 48 m zwischen den Reihen. Die Umtriebszeit kann bis zu 70 Jahre betragen (Unseld 2011: 9).

Zur Produktion von Furnierholz eignen sich insbesondere heimische Wildobstarten wie Wildkirsche, Wildapfel und Wildbirne, aber auch Edellaubbäume wie z. B. Walnuss, Schwarzerle, Moorbirke, Speierling und Elsbeere. Diese Baumarten kommen in Naturwäldern nur äußerst selten vor. Durch das konkurrenzfreie Wachsen in einem weiten Pflanzabstand wird ihrem hohen Lichtbedürfnis Rechnung getragen. Weitere mögliche Baumarten sind Linde, Ulme, Aspe, Balsam und Schwarzpappel (Unseld 2011: 10).

7. Agroforstwirtschaft in den Amazonien

Im Zuge der Kolonialisierung Amazoniens kam es zu großflächigen Rodungen. Ca. 18% des ursprünglichen Regenwaldes gelten als entwaldet. Die Landnutzung in Amazonien ist meistens unangepasst und mit negativen Folgen für die Umwelt verbunden. Die Entwaldungsfaktoren sind Ausbau der Infrastruktur, Klein- und Großbäuerliche Landwirtschaft, Rinderweidewirtschaft (70% der Entwaldung), Holzwirtschaft und Bergbau (Costa 2010: 117-121).

Eine nachhaltige Alternative zur konventionellen Landwirtschaft stellt die Agroforstwirtschaft mir ihren Agroforstsystemen dar. Der Anbau von Nutzpflanzen in Kombination mit Baumbeständen, die forstlich genutzt werden, folgt dem natürlichen Zyklus des Waldes. An einem Ort werden je nach Jahreszeit verschiedene Pflanzen angebaut: Yucca (Maniok), Reis, Hirse, Bohnen. Ananas, Bananen und Papaya. Aber auch Palmen und Tropenhölzer sowie natürliche Aromastoffe (Öle, Heilmittel und Fasern). Ist der Boden nach der Ernte der einjährigen Nutzpflanzen ausgelaugt, beginnen die Obstbäume Früchte zu tragen und Schatten für die Regenerierung des Bodens zu spenden. In und von den Bäumen leben viele Tierarten. Besonders Vögel und Insekten übernehmen eine wichtige Funktion im Anbausystem für die biologische Schädlingskontrolle. Dieses ökologisch perfekt an den Tropenwald angepasste System macht eine Brandrodung zur Säuberung und Düngung des Bodens überflüssig (Reisforff 2003: 11-16).

Die Diversität gilt als Strategie der Agroforstwirtschaft. Jede Pflanze eines Agroforstsystems hat eine bestimmte ökologische und ökonomische Rolle im Betrieb. Die Diversität der Agroforstsysteme bewirkt eine im Vergleich zu konventionellen Anbau erhöhte Arbeitsleistung. Dennoch erhöht sie besonders in diesen Ländern die Ernährungssicherheit durch Anbau für den Eigenbedarf. Zudem ist die Abhängigkeit vom Preis eines einzelnen Produkts geringer, es bedarf weniger an Fläche, Düngemitteln und Pestiziden.

Name	Foto	Ökologie
Cupuacu	 Abbildung 11: Cupuacu	benötigt Schatten, liefert organisches Material
Acai solteiro	 Abbildung 12: Acai solteiro	Schattenspender, mittlere Schicht
Pupunha	 Abbildung 13: Pupunha	Schattenspender, mittlere Schicht

Paranuss	 Abbildung 14: Paranuss	Oberste Baumkrone (ca. 50m), Schattenspender
Kaffee	 Abbildung 15: Kaffee	Nutzt Schatten und spendet Schatten für den Boden
Banane	 Abbildung 16: Bananen	Schattenspender, organisches Material
Rambutan	 Abbildung 17: Rambutan	Schattenspender, mittlere Schicht, organisches Material

Maniok	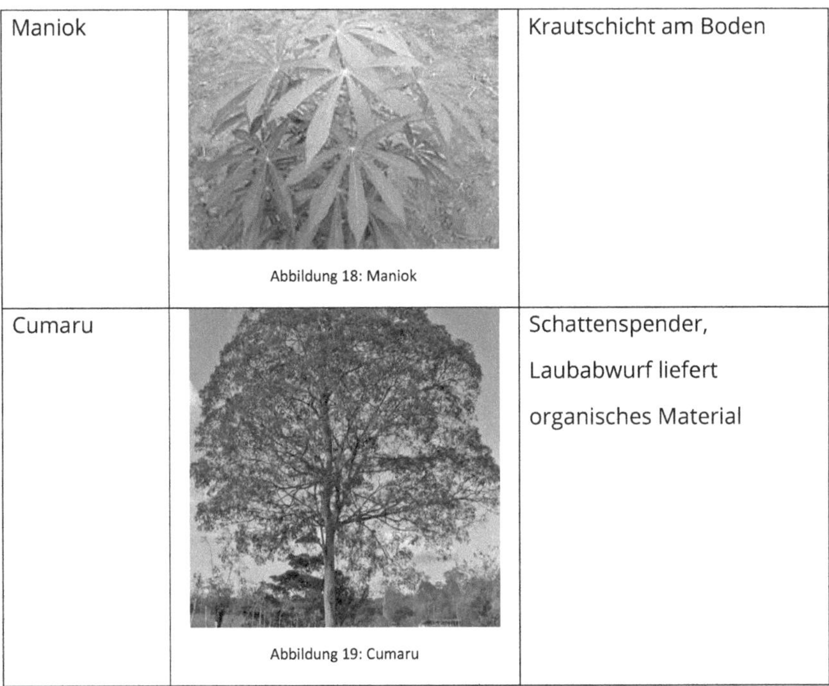	Krautschicht am Boden
	Abbildung 18: Maniok	
Cumaru		Schattenspender, Laubabwurf liefert organisches Material
	Abbildung 19: Cumaru	

Abbildung 20: Beispiele für Anbaupflanzen in den Amazonien

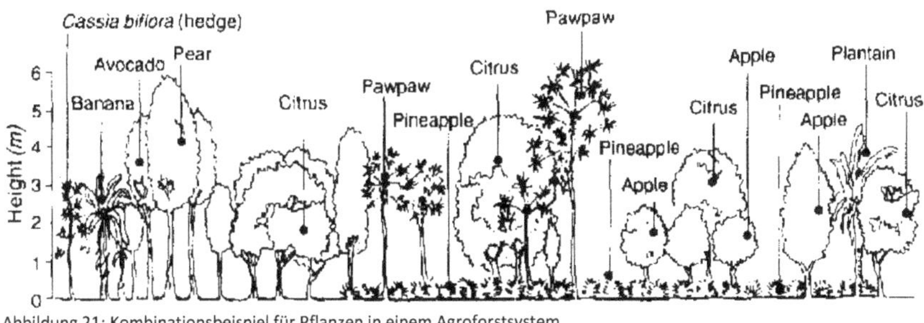

Abbildung 21: Kombinationsbeispiel für Pflanzen in einem Agroforstsystem

Das Klima in den Amazonien spielt eine wichtige Rolle. Die arbeitsintensive Zeit des Jahres ist der niederschlagsreiche Winter, da hier die meisten Produkte geerntet, gesät und gepflanzt werden. In der Trockenzeit werden hauptsächlich Pflegemaßnahmen in Agroforstsystemen vorgenommen (Reisdorff 2003: 43-45).

Die nachhaltige Waldbewirtschaftung und die Nutzung von sogenannten Nichtholz-Forstprodukten sind interessante Alternativen zur großflächigen Abholzung des Regenwaldes, da sie Einkommensquellen für die lokale Bevölkerung schaffen und den Erhalt der Natur sichern. Im Amazonasgebiet gibt es zahlreiche positive Erfahrungen mit der Herstellung von Naturprodukten, die unterstützt und verbreitet werden sollten. Ihr enormes wirtschaftliches Potenzial könnte als Anknüpfungspunkt für Zukunftsstrategien der Region dienen. Sie zeigen, dass langfristiger Naturerhalt und lokale Entwicklung einander nicht ausschließen müssen.

8. Umweltwirkungen von Agroforstsystemen – Vor- & Nachteile

Agroforstsysteme bieten viele Chancen für den Natur-, Landschafts- und Klimaschutz. Das Ausmaß der positiven Effekte hängt aber sehr stark von der Lage und der Gestaltung der Agroforstsysteme ab (Jäger 2017: 7).

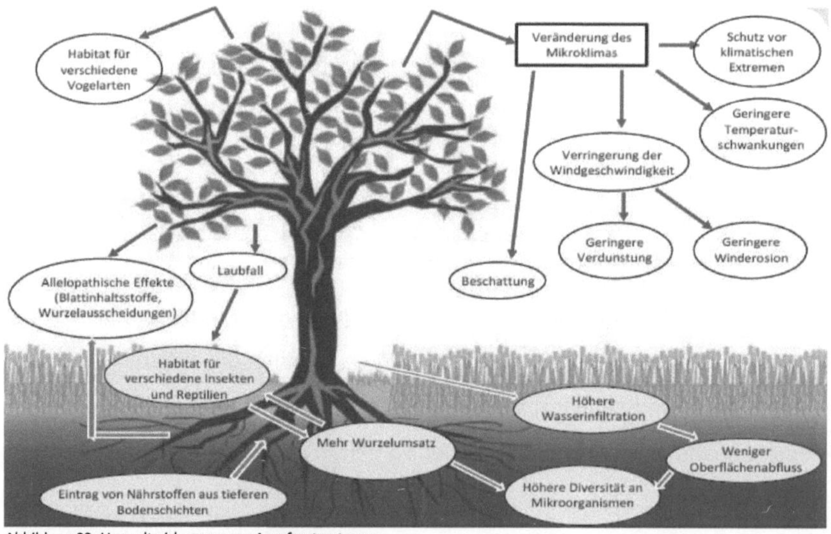

Abbildung 22: Umweltwirkungen von Agroforstsystemen

8.1. Biologische Vielfalt

<u>Positive Effekte (Unseld 2011: 11-14):</u>

- <u>Zunahme der Biotopvielfalt in ausgeräumten Landschaften und damit auch der Artenvielfalt:</u> Neuer Lebensraum für bislang fehlende Arten, aber auch für Arten der nährstoffliebenden Grasfluren, Hochstaudenfluren und Säume.

- <u>Zunahme der Individuenzahl von bereits vorkommenden Arten:</u> Auch Arten, die bereits auf den intensiv genutzten Ackerflächen vorkommen, können zum Teil von der Neuanlage der Gehölzstreifen profitieren. Allerdings hängt die Wirkung auf Arten offener Kulturlandschaften auch vom Ernterhythmus und vom Abstand der Gehölzstreifen ab.

- <u>Auftreten einzelner gefährdeter Arten bei günstigen Voraussetzungen</u>

<u>Mögliche negative Effekte (Unseld 2011: 11.14):</u>

- Abnahme und Verlust der Bestände von lebensraumtypischen und gefährdeten Arten.

- Risiko der Ausbreitung von invasiven Arten und der Verdrängung einheimischer Arten.

- Verwendung von Gehölzen mit konkurrenzhemmenden (allelopathischen) Stoffen => Eingeschränkte Besiedlung der Gehölzstreifen mit Gräsern und Kräutern

- Verwendung von Klonen der in den Gehölzkulturen genutzten Baumarten Folgen: Vermischung der Klongene mit Genen der Wildpopulationen. Verminderung der genetischen Variabilität der betroffenen Arten in den angrenzenden Lebensräumen

8.2.   Ressourcenschutz

8.2.1.   Erosionsschutz

Die Wirkung von Baumstreifen gegen Erosion und Nährstoffauswaschung beruht auf folgenden Effekten (Jäger 2017: 7):

- ➤ Verbesserte Infiltration durch das Wurzelwachstum der Bäume
- ➤ Hanglängenverkürzung
- ➤ Verringerung der erosiven Kräfte
- ➤ Verringerung der Fließgeschwindigkeit
- ➤ Mehr organische Substanz im Baumstreifen und dadurch höherer Humusgehalt

8.2.2.   Nährstoffauswaschung

Die Bäume bilden unterhalb der Kulturfläche eine Art «Sicherheitsnetz» aus Baumwurzeln. Sie tragen somit dazu bei, den Boden vor Nährstoffauswaschung zu schützen. Agroforst ist in Frankreich eine anerkannte Maßnahme in Gewässerschutzgebieten als Schutz vor Nitrataustägen (Jäger 2017: 8).

8.2.3.   Bäume als Kohlenstoffsenken

Bäume stellen Kohlenstoffsenken auf dem Feld dar und leisten einen Beitrag zum Klimaschutz. Die Kohlenstoffspeicherung kann je nach Baumart 1,8 – 1,9 Tonnen/Baum ergeben. Neben dem oberirdischen Zuwachs spielt hierbei auch die schwer quantifizierbare Kohlenstoffspeicherung durch das Wurzelsystem eine Rolle. Die Wurzelausscheidungen werden über das Bodenleben dauerhaft dem Humus zugeführt (Jäger 2017: 8).

8.3.   Landschaftsbild

Agroforstsysteme können die räumlich-strukturelle Vielfalt und damit den Erlebniswert einer Landschaft steigern. Als vertikale Elemente gliedern und prägen sie das Erscheinungsbild einer Landschaft stärker als landwirtschaftliche Kulturen (Unseld 2011: 15-16).

Positive Effekte (Unseld 2011: 15-16):
- Gliederung der Landschaft
- Schaffung neuer Sichtachsen und Leitlinien, wodurch mehr räumliche Tiefe in der Landschaft erzeugt wird
- Erhöhung der ästhetischen Vielfalt und Abwechslung
- Verbesserung des Erlebniswertes z. B. durch Tierbeobachtung und Wahrnehmbarkeit jahreszeitlicher Aspekte
- Milderung der Beeinträchtigung durch störende Elemente wie großflächige Windenergieparks, Hochspannungsleitungen und Funkmasten

Negative Effekte (Unseld 2011: 15-16):
- Eingeschränkte Individualität bei hochstämmigen Werthölzern, dadurch Unterstreichung eines Plantagencharakters besonders auf großen Ackerschlägen
- Überfrachtung kleinteiliger Landschaften durch ein Übermaß an Gehölzstrukturen
- Beeinträchtigung von Sichtbeziehungen z. B. durch Verdeckung einer positiv prägenden Dorfsilhouette

9. Organisation: World Agroforestry Centre (ICRAF)

9.1.   Über ICRAF

Das Agroforestry Weltzentrum (ICRAF) ist das Zentrum, mit den größten Beständen und Informationen der Welt über die Agroforestry Wissenschaft. Ihr Ziel ist es, eine gerechte Welt für die Menschen zu schaffen, indem sie ihren lebensfähigen Lebensunterhalt durch gesunde und produktive Landschaften unterstützen. Zudem ist es ihre Mission, die vielen Vorteile von Bäumen sich zu nutzen zu machen, denn diese sorgen für Landwirtschaft, Lebensgrundlage, Resilienz und auch Zukunft für den Planeten Erde (World Agroforestry Centre 2017).

Die drei Betriebsgrundsätze von ICRAF konzentrieren sich auf (World Agroforestry Centre 2017):

> Personen: Kollaboration und Partnerschaft, Lernen, Ernährung

> Wissenschaft: Qualitätswissenschaft, Kommunikation für beschleunigten Einfluss, Entwicklungsoptionen prüfen

> Prozesse: Effizienz und Effektivität, Verantwortlichkeit, Subsidiarität und Bevollmächtigung

Die Arbeit von ICRAF richtet sich auch an viele der Probleme, die von den Sustainable Development Goals (SDGs) angesprochen werden, welche es zum Ziel haben, Hunger auszulöschen, Armut zu reduzieren, erschwingliche und saubere Energie zur Verfügung zu stellen, Leben auf dem Land zu schützen und den Klimawandel zu bekämpfen (World Agroforestry Centre 2017).

Die Verbreitung der Organisation ICRAF liegt vorwiegend in den (sub-)tropischen Ländern, wie Ost- und Süd-Afrika, West- und Zentralafrika, Lateinamerika, Süd-Ost-Asien, Ost- und Zentralasien und Südasien (World Agroforestry Centre 2017).

9.2.   Die Rolle des ICRAF und Agroforestry

Bäume spielen eine entscheidende Rolle in fast allen Landökosystemen und stellen eine Reihe von wichtigen Produkten und Dienstleistungen der ländlichen und städtischen Menschen zur Verfügung. ICRAF trägt zur Entwicklung von Lösungen bei, welche entworfen werden, um viele in der globalen Entwicklungstagesordnung gerichtete Herausforderungen zu bewältigen. Folgend werden die wichtigsten Ergebnisse und Entwicklungen der letzten 10 Jahre aufgezeigt (World Agroforestry Centre 2017):

> Unterstützung für die Entwicklung von nationalen Agroforestry Strategien
> Entwicklung von Baumvarianten
> Stärkung von ländlichen Beratungsdienst Bestimmungen
> Das Standardisieren und die Beschäftigung von Land-Gesundheitsbewertungsmethoden
> Formulierung von Systemwissenschaftsparadigmen
> Das Anregen von Umweltdienstbelohnungen
> Das Planen von der Annäherung der Klimaanpassung
> Das Entwickeln von Lebensenergie-Optionen
> Die Formulierung von Regenbogenwasserkonzepten

10. Schluss

Ich habe mich nun ausführlich mit dem Thema „Agroforstwirtschaft" auseinandergesetzt.

Allgemein kann man sagen, dass dieses System mehr Vorteile einbringt als Nachteile. Ein wichtiger Punkt ist es, dass Agroforestry auf der ganzen Welt anwendbar ist. Jede Ökozone und Land hat seine eigenen Pflanzen, Bäume, Sträucher etc. welche sie in Wechselwirkung anbauen können. Zudem bringt es nicht nur Vorteile für (Nutz-)Pflanzenanbau, sondern auch für die Umwelt und besonders auch für die Tierwelt. Außerdem wird die Ernährungssicherheit in Dritte-Welt-Ländern unterstützt.

Damit dieses System weitgehend angewandt wird, braucht es sicherlich noch einiges an Kooperation und Umstellung seitens der Industrie- und Wirtschaftswelt. Aber meiner Meinung nach wäre dies eine gute Alternative zu der konventionellen Landnutzung. Es wäre eine gute Lösung, um die Massenproduktion zu umgehen.

11. Literaturverzeichnis

➢ Agroforst.ch (2017): o. A., Agroforstwirtschaft, [http://www.agroforst.ch/, zugegriffen am 18.05.2017]

➢ Buckhard Kayser (o. D.): Agroforst, Agroforstwirtschaft – Agroforstsysteme – Startseite, [http://www.agroforst.de/1-start.html, zugegriffen am 18.05.2017]

➢ Bender, B., Chalmin, A., Reeg, T., Konold, ., Mastel, K., Spiecker, H. (2009): Moderne Agroforstsysteme mit Werthölzern – Leitfaden für die Praxis. Reute, Meisterdruck

➢ Jäger, M (2017): Agroforstsysteme – Hochstamm-, Wildobst- und Laubbäume mit Kulturpflanzen kombinieren. Lindau, Agridea

➢ Kaltschmitt, M., Hartmann, H., Hofbauer, H. (2001): Energie aus Biomasse . Grundlagen, Techniken und Verfahren, Berlin-Heidelbeg, Springer-Verlag

➢ Unseld, R., Reppin, N., Eckstein, K., Zehlius-Eckert, W., Hofmann H., Huber, T. (2011): Leitfaden Agroforstsysteme – Möglichkeiten zur naturschutzgerechten Etablierung von Agroforstsystemen. Freising, MEOX Druck GmbH

➢ World Agroforestry Centre (2017): Agroforestry and our role, [http://www.worldagroforestry.org/about/agroforestry-our-role, zugegriffen am 18.05.2017]

➢ World Agroforestry Centre (2017): About us, [http://www.worldagroforestry.org/about, zugegriffen am 18.05.2017]

➢ World Agroforestry Centre (2017): Regions [http://www.worldagroforestry.org/region, zugegriffen am 18.05.2017]

➢ Kaeser, A., Palma, J., Sereke, F., Herzog, F. (2010): Umweltleistungen von Agrarforstwirtschaft – Die Bedeutung von Bäumen in der Landwirtschaft für Gewässer- und Bodenschutz, Klima, Biodiversität und Landschaftsbild, Forschungsanstalt Agroscope

➤ Reisdorff, C (2003): Stabilität von Agroforstsystemen in Zentral-Amazonien, Hamburg

➤ Costa, S (2010): Brasilien heute. Geographischer Raum, Politik, Wirtschaft, Kultur, Frankfurt am Main, Vervuert

12. Bildverzeichnis

➤ Abbildung 1: [https://www.researchgate.net/profile/Samuel_Allen2/publication/238671026/figure/fig5/AS:298739236392964@1448236392318/Figure-5-Silvopastoral-system-with-cattle-grazing-bahiagrass-in-a-slash-pine-stand.png, zugegriffen am 18.05.2017]

➤ Abbildung 2: [https://www.agforward.eu/files/agforward/images/Farmer%20Networks/UK.jpg, zugegriffen am 18.05.2017]

➤ Abbildung 3: [http://www.streuobst-mainfranken.de/cms/images/stories/Streuobstwiese_Uengershausen_kl.jpg, zugegriffen am 18.05.2017]

➤ Abbildung 4: [http://www.agroforst.de/grafiken/dia05-1.jpg, zugegriffen am 18.05.2017]

➤ Abbildung 5: Unseld, R., Reppin, N., Eckstein, K., Zehlius-Eckert, W., Hofmann H., Huber, T. (2011): Leitfaden Agroforstsysteme – Möglichkeiten zur naturschutzgerechten Etablierung von Agroforstsystemen. Freising, MEOX Druck GmbH. S. 5

➤ Abbildung 6: [https://www.e-pics.ethz.ch/index/ETH.BIOSYS/images/ETH.BIOSYS_AK_10357.tif_10365.jpg, zugegriffen am 18.05.2017]

➤ Abbildung 7: [http://www.wsl.ch/fe/oekosystem/feuchtgebiete/wytweiden_280x210px.jpg, zugegriffen am 18.05.2017]

- Abbildung 8: [http://www.agroforst.de/grafiken/afs2.jpg, zugegriffen am 18.05.2017]

- Abbildung 9: [http://www.aftaweb.org/images/alley1B.jpg, zugegriffen am 18.05.2017]

- Abbildung 10: Wertholzsysteme: Unseld, R., Reppin, N., Eckstein, K., Zehlius-Eckert, W., Hofmann H., Huber, T. (2011): Leitfaden Agroforstsysteme – Möglichkeiten zur naturschutzgerechten Etablierung von Agroforstsystemen. Freising, MEOX Druck GmbH. S. 9

- Abbildung 11: [http://www.tropjuice.com/images/blog/cupuacu.jpg, zugegriffen am 18.05.2017]

- Abbildung 12: [https://plant.daleysfruit.com.au/trees/m/Acai-Palm-1843.jpeg, zugegriffen am 18.05.2017]

- Abbildung 13: [http://2.bp.blogspot.com/-8I4SZy7rUiw/UaFHQIsafjI/AAAAAAAABZI/3HU56nlpZGE/s1600/DSC06704.JPG, zugegriffen am 18.05.2017]

- Abbildung 14: [http://www.gartenjournal.net/wp-content/uploads/Paranuss-Selen.jpg, zugegriffen am 18.05.2017]

- Abbildung 15: [http://www.michis-tomatensamen.de/WebRoot/Store18/Shops/61597262/4841/A362/259F/3420/ED2D/C0A8/28BB/018E/coffeawikipedia.3.jpg, zugegriffen am 18.05.2017]

- Abbildung 16: [http://www.gartenjournal.net/wp-content/uploads/Banane-d%C3%BCngen.jpg, zugegriffen am 18.05.2017]

- Abbildung 17: [https://www.gutekueche.at/img/artikel/1113/rambutan.jpg, zugegriffen am 18.05.2017]

- Abbildung 18: [https://upload.wikimedia.org/wikipedia/commons/thumb/9/99/Iwata_kenichi_cassava.jpg/220px-Iwata_kenichi_cassava.jpg, zugegriffen, am 18.05.2017]

- Abbildung 19: [http://www.eastteak.com/wp-content/uploads/2014/06/cumaru.jpg, zugegriffen am 18.05.2017]

➢ Abbildung 20: Reisdorff, C (2003): Stabilität von Agroforstsystemen in Zentral-Amazonien, Hamburg, S. 17-25

➢ Abbildung 21: [http://www.fao.org/docrep/w0078e/P097.gif, zugegriffen am 18.05.2017]

➢ Abbildung 22: Jäger, M (2017): Agroforstsysteme – Hochstamm-, Wildobst- und Laubbäume mit Kulturpflanzen kombinieren. Lindau, Agridea. S. 7